KB179003

리만이 들려주는 4**차원 기하학** 이야기

리만이 들려주는 4차원 기하학 이야기

ⓒ 정완상, 2010

초　판　1쇄 발행일 | 2005년 5월 4일
개정판　1쇄 발행일 | 2010년 9월 1일
개정판 13쇄 발행일 | 2021년 5월 28일

지은이 | 정완상
펴낸이 | 정은영
펴낸곳 | (주)자음과모음

출판등록 | 2001년 11월 28일 제2001-000259호
주　　소 | 04047 서울시 마포구 양화로6길 49
전　　화 | 편집부 (02)324-2347, 경영지원부 (02)325-6047
팩　　스 | 편집부 (02)324-2348, 경영지원부 (02)2648-1311
e-mail　| jamoteen@jamobook.com

ISBN 978-89-544-2012-9 (44400)

리만이 들려주는

4차원 기하학

이야기

| 정완상 지음 |

㈜자음과모음

리만을 꿈꾸는 청소년을 위한
'4차원 기하학' 이야기

4차원! 이 단어를 떠올리면 만화나 SF영화를 연상하게 될 것입니다. 4차원 이상의 공간의 기하를 최초로 연구한 사람은 독일의 위대한 수학자인 리만입니다. 가우스의 제자였던 리만은 4차원의 기하뿐 아니라 휘어진 공간에서 달라지는 기하학에 대해 신비한 이론을 발표하여 세상을 깜짝 놀라게 하였습니다. 그리하여 사람들은 그의 기하학을 '리만 기하학'이라고 부르게 되었습니다.

이 책은 중학교 기하를 공부한 학생이라면 누구든 읽을 수 있으며 초등학생이라면 《유클리드가 들려주는 기하학 이야기》를 먼저 읽기를 권합니다.

저는 KAIST에서 상대성 이론을 연구했습니다. 아인슈타인의 상대성 이론은 4차원 우주의 방정식을 다루는 이론입니다. 따라서 그때 4차원 기하학과 휘어진 공간의 기하학을 접할 수 있었습니다. 그리고 당시 공부했던 내용을 토대로 이 책을 집필하게 되었습니다.

이 책은 리만이 한국에 와서 학생들에게 9일간의 수업을 통해 4차원 기하학의 대상인 초입체들의 여러 성질을 알게 해 줍니다. 리만은 학생들에게 질문을 하며 간단한 일상 속의 실험을 통해 4차원 도형의 성질에 대해 가르치고 있습니다.

저는 여러분이 쉽게 리만의 기하학을 이해하여 한국에서도 언젠가는 훌륭한 수학자가 나오길 간절히 바랍니다.

끝으로 이 책을 출간할 수 있도록 배려하고 격려해 준 강병철 사장님과, 예쁜 책이 될 수 있도록 수고한 편집부 모든 식구들에게 감사드립니다.

정 완 상

차례

차원 이야기

차원이란 무엇인가요?
0차원부터 4차원까지의 입체에 대해 알아봅시다.

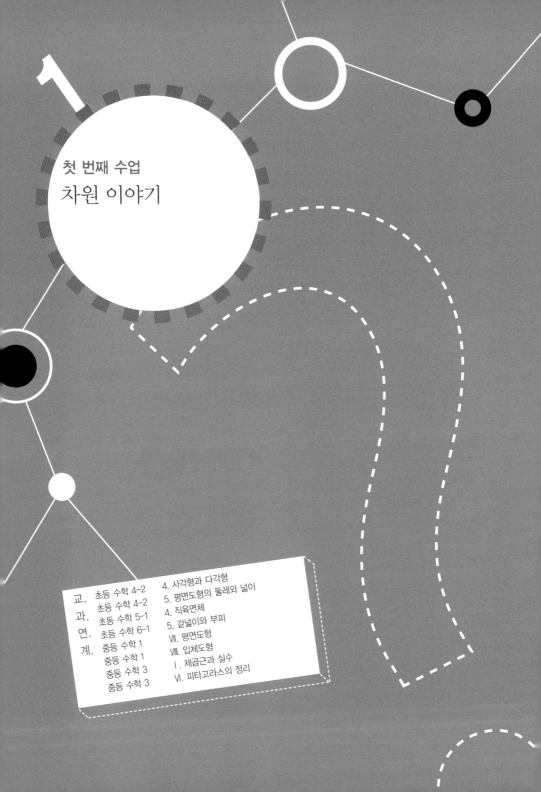

1

첫 번째 수업
차원 이야기

리만이 차원에 대한 이야기로 첫 번째 수업을 시작했다.

오늘은 차원에 대한 이야기를 하겠습니다. 우리는 흔히 3차원, 4차원이라는 말을 사용하지요? 그리고 4차원 이동은 우리의 눈에서 사라지는 것으로 생각하지요. 그렇다면 과연 차원은 무엇일까요?

우선 0차원은 점입니다.

●

점은 크기가 없습니다. 그리고 방향도 없습니다. 점은 기하학의 가장 간단한 요소입니다.

점을 한 방향으로 잡아당기면 무엇이 될까요?

아하! 직선이 되는군요. 선은 점보다는 복잡합니다. 그럼 선은 크기를 가질까요? 물론 가집니다.

리만은 학생들에게 직선의 길이를 재보라고 했다. 학생들은 선의 길이가 5cm라고 했다.

선의 길이가 바로 크기입니다. 이렇게 0차원의 점을 한 방향으로 잡아당겨 만든 도형이 바로 직선이고 이것이 바로 1차원 도형입니다. 1차원 도형은 길이를 가집니다. 여기서 길이의 단위는 cm입니다.

직선을 직선과 수직인 방향으로 잡아당겨서 만든 도형은 무엇일까요?

아하! 정사각형이 되는군요. 정사각형은 면이고 면은 2차원 도형입니다. 면의 크기는 넓이라고 하지요.

리만은 학생들에게 면의 넓이를 계산하라고 했다. 학생들은 면의 넓이가 25cm²라고 했다.

2차원 도형인 면의 크기의 단위는 cm²가 되는군요.

면을 면과 수직 방향으로 잡아당기면 어떤 도형이 될까요?

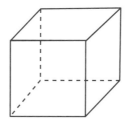

아하! 정육면체가 되는군요. 정육면체는 입체이고 입체는 3차원 도형입니다. 입체의 크기는 부피라고 하지요.

리만은 학생들에게 정육면체의 부피를 계산하라고 했다. 학생들은 입체의 부피가 125cm³라고 했다.

3차원 도형인 입체의 크기의 단위는 cm³가 되는군요.

그럼 3차원 입체를 입체에 수직인 방향으로 잡아당기면 무엇이 될까요?

학생들은 아무 반응이 없었다. 아무리 해도 3차원 입체의 세 방향과 수직인 방향을 찾을 수 없었기 때문이었다.

물론 우리는 그 방향을 찾을 수 없답니다. 하지만 머릿속으로 상상해 보세요.

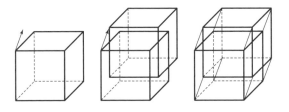

3차원 입체를 입체에 수직인 방향으로 잡아당겨 만든 도형은 4차원 도형입니다. 4차원 도형을 초입체라고 합니다. 그리고 초입체의 크기를 초부피라고 하지요. 그럼 초부피의 단위는 무엇일까요?

지금까지의 결과를 정리해 보면 유추할 수 있습니다.

__제가 표로 정리해 볼게요.

	차원	크기	단위
점	0차원	없음	없음
선	1차원	길이	cm
면	2차원	넓이	cm^2
입체	3차원	부피	cm^3
초입체	4차원	초부피	?

아하! 초부피의 단위는 cm^4가 되겠군요. 그렇습니다. 4차원 정육면체를 초정육면체라고 합니다. 한 변의 길이가 1cm인 초정육면체의 초부피는 $1cm^4$입니다.

한 변의 길이가 1cm인 정사각형 4개를 붙여 봅시다.

한 변의 길이가 2cm인 정사각형이 되었군요. 한 변의 길이가 1cm인 정사각형의 넓이는 $1cm^2$이므로 한 변의 길이가

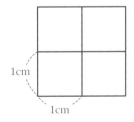

2cm인 정사각형의 넓이는 4cm²가 됩니다. 여기서 4 = 2²에서 나왔습니다. 그러므로 다음 사실을 알 수 있습니다.

한 변의 길이가 a인 정사각형의 넓이는 a^2이다.

마찬가지로 한 변의 길이가 1cm인 정육면체의 부피가 1cm³이므로, 다음 사실을 알 수 있습니다.

한 변의 길이가 a인 정육면체의 부피는 a^3이다.

이 사실로부터 우리는 한 변의 길이가 $a$cm인 초정육면체의 부피를 알 수 있습니다.

한 변의 길이가 a인 초정육면체의 초부피는 a^4이다.

따라서 정육면체를 모든 차원으로 확장시킬 수 있습니다. 하지만 우리는 그런 도형을 볼 수는 없습니다.
__ 왜 볼 수 없는 거죠?
__ 맞아요. 정확한 이유를 알고 싶어요.
하하, 왜 그런지 차근차근 알아 봅시다.

대각선의 길이

이번에는 각 차원에서 대각선의 길이를 구하는 공식을 찾아봅시다. 대각선의 길이를 구할 때는 피타고라스의 정리를 이용합니다. 다음과 같은 직사각형을 봅시다.

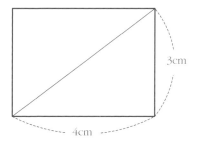

이 직사각형의 대각선의 길이는 피타고라스의 정리에 따라 $\sqrt{3^2 + 4^2} = \sqrt{25} = 5$가 되어 대각선의 길이는 5cm가 됩니다.

이번에는 다음 페이지의 직육면체의 대각선의 길이 $\overline{ED}$를 구해 봅시다.

삼각형 DEG는 직각삼각형입니다. 그러므로 피타고라스의 정리를 사용할 수 있습니다. 그러기 위해서는 우선 $\overline{EG}$의 길이를 알아야 하는데, 피타고라스의 정리에 의해 $\overline{EG}^2 = 3^2 + 4^2$이 됩니다.

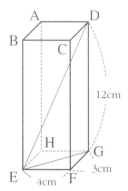

직각삼각형 DEG에서 피타고라스의 정리를 쓰면 다음과 같지요.

$$\overline{DE}^2 = \overline{EG}^2 + \overline{DG}^2$$
$$\overline{DE}^2 = 3^2 + 4^2 + 12^2$$

그러므로 구하고자 하는 대각선의 길이는 다음과 같습니다.

$$\overline{DE} = \sqrt{3^2 + 4^2 + 12^2} = 13 (cm)$$

이것이 바로 3차원에서의 피타고라스의 정리입니다.

그러므로 우리는 이 사실을 4차원으로 확장할 수 있습니다. 4차원의 직육면체는 4개의 서로 수직인 변으로 이루어져 있습니다. 물론 우리가 3차원에서는 그릴 수 없으니까 머릿속으로 그려 보도록 해요. 즉, 다음과 같이 확장할 수 있습니다.

각 변의 길이가 각각 a, b, c, d인 4차원 직육면체의 대각선의 길이는 $\sqrt{a^2+b^2+c^2+d^2}$ 이다.

수학자의 비밀노트

각 차원에서 한 변의 길이가 a인 정육면체의 대각선의 길이

2차원 정육면체(정사각형)의 대각선의 길이 $= \sqrt{2}a$

3차원 정육면체(정육면체)의 대각선의 길이 $= \sqrt{3}a$

4차원 정육면체(초정육면체)의 대각선의 길이 $= \sqrt{4}a = 2a$

　따라서 차원이 증가할수록 대각선의 길이가 길어진다는 것을 알 수 있다.

헉! 귀…, 귀신이다!

난 귀신이 아니야. 4차원 세계에서 길을 잃어서 여기에 와 버렸어.

4차원? 거짓말하지 마! 4차원이 어디 있나? 너 귀신이지?

잘 들어 봐. 우선 0차원은 점인데 크기가 없고 방향도 없어. 기하학의 가장 간단한 요소지.

그런데 이 점을 한 방향으로 잡아당기면 1차원 도형인 선을 만들 수 있어. 그리고 1차원 도형의 크기는 바로 길이야.

그거야 당연하지.

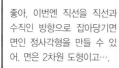

좋아, 이번엔 직선을 직선과 수직인 방향으로 잡아당기면 면인 정사각형을 만들 수 있어. 면은 2차원 도형이고….

면의 크기는 넓이지.

이번엔 면을 면과 수직인 방향으로 잡아당겨서 3차원 도형인 정육면체를 만들 수 있어. 이 입체의 크기는 부피라고 하지.

그 정도는 상식이지, 에헴.

같은 방법으로 3차원 입체를 입체에 수직인 방향으로 잡아당겨 만들어진 도형이 4차원 도형이고, 이 도형을 초입체라고 해. 그리고 초입체의 크기를 초부피라고 하는 거야. 이제 4차원이 어떤 곳인지 상상이 좀 되지?

음, 맞긴 맞는 것 같은데…. 정말 그런 곳이 있니?

초정육면체

3차원의 정육면체를 4차원으로 확장하면 무엇이 될까요?
초정육면체의 모든 것에 대해 알아봅시다.

2

초정육면체

리만의 두 번째 수업은
초정육면체에 관한 것이었다.

오늘은 4차원 정육면체인 초정육면체에 대해 자세히 알아 보겠습니다. 눈으로 볼 수 없으니까 답답하지요? 하지만 여러분이 볼 수 있게 해 주겠어요.

＿네, 선생님.

2차원 정육면체인 정사각형을 봅시다.

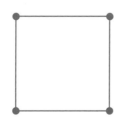

점의 개수는 4개, 선의 개수는 4개입니다. 이것은 1차원인 선을 이동하여 만들 수 있습니다.

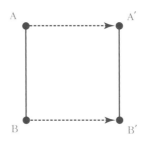

여기서 점 A′와 B′는 점 A, B를 이동시킨 점입니다. 처음 상태(선분 AB)와 나중 상태(선분 A′B′)의 점과 선의 개수를 비교해 봅시다.

구분	처음 상태 (선분 AB)	나중 상태 (선분 A′B′)
점	2	2
선	1	1

점은 처음에 2개이고 나중에 2개이므로 전체 4개가 되지요. 이것은 바로 정사각형의 점의 개수입니다. 하지만 선은 처음 1개이고 나중에 1개이므로 전체 2개가 되지요? 이것은 정사각형의 선의 개수인 4개에 비해 2개가 적습니다.

사라진 2개의 선은 어디서 찾을 수 있을까요? 이것은 바로 점 A가 A′로 이동하면서 만드는 선분 AA′와 점 B가 B′로 이동하면서 만드는 선분 BB′입니다. 그러므로 1차원의 선분이 이동할 때 만들어지는 점이나 선을 고려하면 다음과 같이 됩니다.

구분	처음	이동	나중	합계
점	2	0	2	4
선	1	2	1	4

이 방법을 정육면체에 적용합시다.

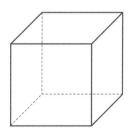

정육면체는 점 8개, 선 12개, 면 6개로 이루어져 있습니다.

앞의 방법과 마찬가지로 정육면체는 정사각형을 수직인 방향으로 이동시켜 만들 수 있습니다.

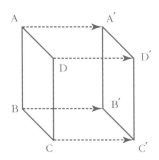

　　처음 정사각형은 ABCD이고 그것의 점의 개수는 4개, 선의 개수는 4개입니다. 마찬가지로 나중 정사각형은 A′B′C′D′이고 그것의 점의 개수는 4개, 선의 개수는 4개입니다.

　　이제 이동 과정에서 생기는 점, 선, 면의 개수를 헤아려 봅시다. 먼저 이동 때문에 생긴 선은 몇 개이지요?

　　＿4개입니다.

　　그렇습니다. AA′, BB′, CC′, DD′이지요. 그러면 이동 때문에 생긴 면은 몇 개이지요?

　　＿4개입니다.

　　선분 AB가 선분 A′B′으로 이동하면서 만든 정사각형은 ABB′A이고 같은 방법으로 BCC′B′, DCC′D′, ADD′A′의 3개의 정사각형이 더 생깁니다.

　　이제 처음 정사각형, 이동 과정, 나중 정사각형의 점·선·면의 개수를 표로 나타내면 다음과 같습니다.

구분	처음	이동	나중	합계
점	4	0	4	8
선	4	4	4	12
면	1	4	1	6

이 결과는 우리가 알고 있는 정육면체의 점·선·면의 개수와 일치합니다. 여기서 이동 과정의 선의 개수는 처음 도형의 점의 개수와 일치하고 이동 과정의 면의 개수는 처음 도형의 선의 개수와 일치한다는 것을 알 수 있습니다.

초정육면체의 점·선·면·입체의 개수

이 방법을 초정육면체에 적용해 봅시다. 초정육면체는 정육면체를 수직 방향으로 이동하여 얻어집니다. 그러므로 처음 도형은 정육면체, 나중 도형도 정육면체입니다. 이제 이동 과정에서 점·선·면·입체가 몇 개 생기는지만 알면 됩니다.

정육면체를 2차원에서 보이는 데로 그리면 다음과 같습니다.

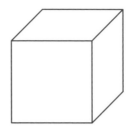

어랏! 면이 3개만 그려지는군요. 나머지 3개의 면은 뒤에 숨어 있어 볼 수 없습니다.

마찬가지로 초정육면체를 3차원에서 만들어 볼 수 있습니다. 초정육면체는 8개의 정육면체로 둘러싸여 있는데 그중 4개의 정육면체를 보이게 만들면 다음 그림과 같습니다. 나머지 4개의 입체는 숨어 있습니다.

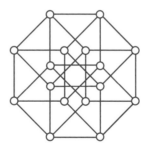

또 다른 방법으로 초정육면체를 그려 볼 수 있습니다. 다음 페이지의 그림처럼 화살표 방향으로 정육면체를 이동시켜 초정육면체를 만들어 봅시다. 물론 화살표의 방향이 정육면

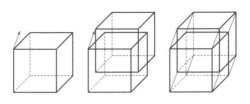

체의 각 방향과 수직이라고 가정합시다.

그러므로 꼭짓점이 16개이고 선분의 개수는 32개가 된다는 것을 알 수 있습니다.

이제 지금까지 토론한 내용을 정육면체의 이동으로 설명할 수 있습니다. 이것을 표로 나타내면 다음과 같습니다.

구분	처음	이동	나중	합계
점	8	0	8	16
선	12	8	12	32
면	6	12	6	24
입체	1	6	1	8

이런 방법으로 우리는 임의의 차원의 정육면체에 대해 알 수 있습니다.

4차원 초정육면체가 3차원의 세상에 나타나면 어떤 모습

으로 보일까요? 정육면체가 종이와 같은 2차원 세상을 지나
갈 때 같은 위치이지만 보는 각도에 따라 넓이가 달라집니
다. 마찬가지로 4차원 초정육면체가 3차원을 지나갈 때는 같
은 위치에서도 보는 각도에 따라 부피가 달라져 보입니다.

초정육면체의 전개도

이제 초정육면체의 전개도를 만들어 보겠습니다. 정사각형
은 선분을 4등분하여 접으면 됩니다.
이것은 2차원 정육면체인 정사각형의 전개도입니다.

3차원 정육면체의 전개도는 다음과 같습니다.

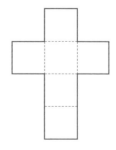

즉, 6개의 정사각형으로 이루어져 있지요.

마찬가지로 4차원 정육면체의 전개도는 다음과 같습니다.

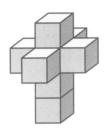

그러므로 초정육면체의 전개도는 8개의 정육면체로 이루
어져 있습니다.

수학자의 비밀노트

화가의 그림에서 표현된 4차원의 세계

1954년 살바도르 달리(Salvador Dali)는 그의 작품 '십자가에 못 박힌
예수-초입체'에 4차원 입체도형의 전개도를 그려 넣었다. 그러나 수학을
전공하지 않은 사람은 단지 십자가 모양으로 쌓여 있는 8개의 정육면체
에 못 박힌 예수님을 볼 수 있을 뿐, 그의 작품 속에서 4차원 입체
도형을 찾을 수 없을 것이다.

네 말을 들어봐도 4차원 도형은 상상이 잘 안 돼. 역시 뻥이지?

정확히 그릴 순 없지만, 한번 그려 볼까?

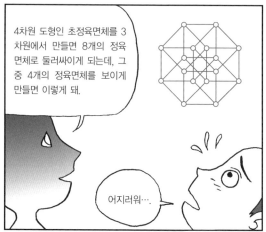

4차원 도형인 초정육면체를 3차원에서 만들면 8개의 정육면체로 둘러싸이게 되는데, 그 중 4개의 정육면체를 보이게 만들면 이렇게 돼.

어지러워….

또 정육면체를 수직 방향으로 이동해서 만들 수도 있어. 이때 이동 과정에서 점·선·면·입체가 몇 개 생기는지만 알면 초정육면체에 대해 더 잘 알 수 있겠지?

응, 그럴지도.

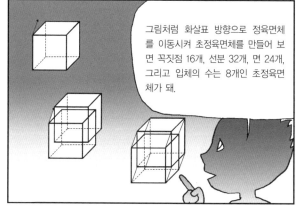

그림처럼 화살표 방향으로 정육면체를 이동시켜 초정육면체를 만들어 보면 꼭짓점 16개, 선분 32개, 면 24개, 그리고 입체의 수는 8개인 초정육면체가 돼.

초정육면체의 전개도 만들어 볼까? 2차원 정육면체인 정사각형의 전개도는 직선을 4등분해서 접으면 되고, 3차원 정육면체의 전개도는 6개의 정사각형으로 이루어지지.

2차원 전개도

3차원 전개도

마찬가지로 4차원 정육면체인 초정육면체의 전개도는 8개의 정육면체로 이루어지게 되는 거야.

우아, 신기하다!

초기둥과 초뿔

기둥과 각뿔을 4차원으로 확장한 도형은 무엇일까요?
초기둥과 초뿔에 대해 알아봅시다.

3

초기둥과 초뿔

리만은 지난 수업을 상기시키며
세 번째 수업을 시작했다.

초정육면체는 정육면체를 4차원으로 확장한 초입체입니다. 그럼 기둥이나 각뿔이 4차원으로 확장된 초기둥이나 초각뿔은 어떻게 정의될까요?

다음 정육면체를 봅시다.

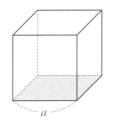

이 정육면체의 부피는 $V = a^3$입니다. 하지만 이것은 밑면이 정사각형인 기둥으로 볼 수 있습니다. 그렇게 생각하면 $V = a^2 \times a$이므로 밑면의 넓이와 높이의 곱이라고 할 수 있습니다. 그러므로 다음 사실을 알 수 있습니다.

밑면의 넓이가 S이고 높이가 b인 기둥의 부피 V는 $V = S \times b$이다.

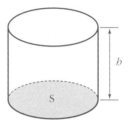

그러므로 밑면의 반지름이 r이고 높이가 b인 원기둥의 부피는 $V = \pi r^2 b$가 됩니다.

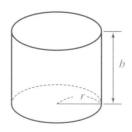

이제 기둥이 어떤 원리로 만들어지는지 알아봅시다. 예를 들어 삼각기둥은 삼각형을 수직 방향으로 같은 길이만큼 이동시켜 만들 수 있습니다.

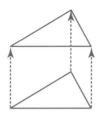

마찬가지로 초정육면체는 정육면체를 그와 수직인 방향으로 일정 거리만큼 이동시킨 초입체라고 했습니다. 이때 이동 거리를 초높이 H라고 하고 초부피를 W라고 합시다.

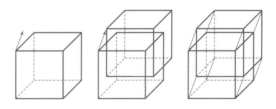

한 변의 길이가 a인 초정육면체의 초부피는 $W = a^4$이고 이 것을 $W = a^3 \times a$라고 쓰면, a^3은 밑입체의 부피이고 a는 초높이이므로 초정육면체를 밑입체가 정육면체인 초기둥으로 생각할 수 있습니다. 그러므로 다음이 성립합니다.

밑입체의 부피가 V이고 초높이가 H인 초기둥의 초부피는 W=V ×
H이다.

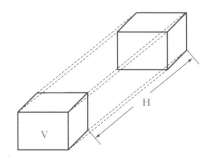

밑입체가 구인 경우는 어떻게 될까요? 그것은 구의 각 점
을 같은 길이만큼 구와 수직인 방향으로 이동시키면 됩니다.
이때 이동시킨 거리를 H라고 하면 이 초입체는 밑부피가 구
인 초기둥이 되는데 이것이 바로 구기둥입니다. 그러므로 다
음이 성립합니다.

밑입체가 구이고 초높이가 H인 초기둥의 초부피 $W = \dfrac{4}{3}\pi r^3 H$이다.

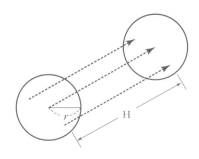

초뿔의 부피

삼각형의 세 꼭짓점을 한 점으로 이동시키면 삼각뿔이 됩니다.

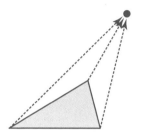

이때 삼각뿔의 높이를 h, 밑면의 넓이를 S라고 하면 삼각뿔의 부피 V는 다음과 같습니다*.

$$V = \frac{1}{3}Sh$$

일반적으로 각뿔의 부피는 위 공식을 따릅니다.

밑면의 넓이가 S이고 높이가 h인 각뿔의 부피는 $V = \frac{1}{3}Sh$이다.

왜 이러한 공식이 성립하는지 좀 더 낮은 차원에서 먼저 생각해 봅시다.

다음과 같이 한 변의 길이가 a인 정사각형을 4등분합시다.

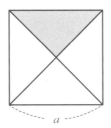

위 그림에서 어두운 부분은 2차원의 각뿔을 의미합니다. 이 넓이를 S라고 하면 $S = \dfrac{a^2}{4}$ 이 되고, 이것을 $S = \dfrac{1}{2} \times a \times \dfrac{a}{2}$ 라고 쓰면 a는 밑변의 길이이고 $\dfrac{a}{2}$ 는 높이이므로, 2차원의 삼각뿔의 넓이는 다음과 같이 됩니다.

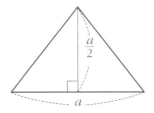

$$S = \dfrac{1}{2} \times (밑변의 길이) \times (높이)$$

이것을 3차원으로 확장해 봅시다. 다음과 같이 한 변의 길이가 a인 정육면체의 중심을 꼭짓점으로 하는 6개의 사각뿔로 나누면 다음과 같이 됩니다.

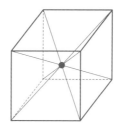

이때 하나의 사각뿔의 부피는 $V = \dfrac{a^3}{6}$ 이 됩니다.

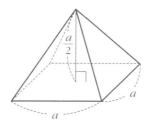

이것의 부피를 $V = \dfrac{1}{3} \times a^2 \times \dfrac{a}{2}$ 라고 쓰면, a^2은 밑면의 넓이이고 $\dfrac{a}{2}$ 는 높이이므로 3차원의 삼각뿔의 부피는 다음과 같이 됩니다.

$$V = \dfrac{1}{3} \times (밑면의 \ 넓이) \times (높이)$$

그렇다면 각뿔을 4차원으로 확장한 초입체의 부피는 어떻게 될까요? 이것을 초뿔이라고 하는데 입체의 각 점을 한 점으로 이동시킨 초입체입니다.

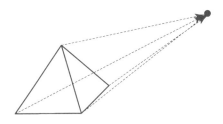

초뿔의 부피를 구하는 공식을 찾아봅시다. 한 변의 길이가 a인 초정육면체는 8개의 정육면체로 둘러싸여 있는 초입체입니다. 이 초정육면체는 중심을 꼭짓점으로 하고 각각의 정육면체를 밑넓이로 하는 8개의 초뿔로 나누어집니다. 그러므로 하나의 초뿔의 초부피는 $W = \dfrac{a^4}{8}$이 되지요. 하나의 초뿔을 그리면 다음과 같습니다.

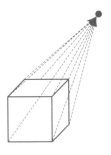

이때 초뿔의 초부피는 $W = \dfrac{1}{4} \times a^3 \times \dfrac{a}{2}$ 로 쓸 수 있습니다. a^3은 정육면체의 부피이고 $\dfrac{a}{2}$ 는 초높이이므로 4차원의 초뿔의 초부피는 다음과 같이 됩니다.

$$W = \dfrac{1}{4} \times (\text{밑입체의 부피}) \times (\text{초높이})$$

초기둥과 초뿔의 전개도

이번에는 초기둥과 초뿔의 전개도에 대해 알아보겠습니다.

__ 네, 선생님.

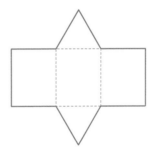

먼저 3차원에서 삼각기둥의 전개도는 다음과 같습니다.

마찬가지로 밑면이 정사면체인 초기둥의 전개도는 다음 페이지와 같습니다.

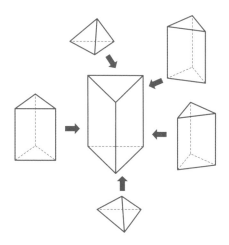

삼각뿔 중에서 특별한 경우는 네 면이 모두 정삼각형인 정
사면체입니다.

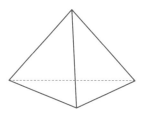

이것의 전개도는 다음과 같지요.

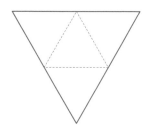

마찬가지로 5개의 정사면체로 둘러싸인 초입체를 오포체라고 하는데, 이것은 밑부피가 정사면체인 초각뿔의 특별한 경우입니다.

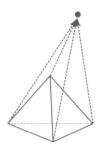

이것의 전개도는 다음과 같이 5개의 정사면체로 이루어지지요.

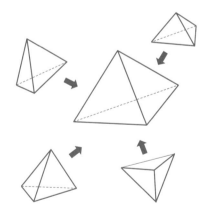

여기서 화살표는 그 방향으로 정사면체를 붙인다는 뜻입니다.

기둥이나 각뿔이 4차원으로 확장된 초기둥이나 초각뿔은 어떻게 정의되나요?

정육면체로부터 유추해 봅시다. 이 정육면체의 부피는 $V=a^3$이지요. 그런데 이것은 밑면이 정사각형인 기둥으로 볼 수도 있겠지요?

네, 맞아요.

그렇다면 $V=a^2 \times a$이므로 밑넓이가 A, 높이가 h인 기둥의 부피 V는 $V=A \times h$임을 알 수 있지요.

$$V = A \times h$$

그럼 삼각기둥은 삼각형을 수직 방향으로 같은 길이만큼 이동시켜 만든 것이겠네요.

훌륭해요. 그럼 초정육면체는 어떻게 만들어지는 것일까요?

상상하기가 좀 어렵지만, 초정육면체는 정육면체를 그와 수직인 방향으로 같은 길이만큼 이동시킨 것 아닐까요?

그래요. 따라서 초정육면체는 밑입체가 정육면체인 초기둥이라고 생각할 수 있답니다.

그러면 밑입체의 부피는 V, 초높이는 H이므로 초부피는 $W=V \times H$이죠. 따라서 다음이 성립해요.

신기해요. 그런데 어떤 모습일지는 아직도 모르겠어요.

밑입체의 부피가 V,
초높이가 H인 초기둥의
초부피는 $W=V \times H$이다.

3차원 도형으로 표현하자면 이렇게 만들어진다고 할 수 있지요.

아, 이제 이해가 되네요.

4

푸앵카레의 정리

각 차원에서 점·선·면·입체·초입체의
수에 대한 관계식을 찾아봅시다.

4

네 번째 수업

푸앵카레의 정리

리만은 초입체를 구성하는 요소들
사이의 관계식을 알아보자며
네 번째 수업을 시작했다.

　오늘은 초입체의 점·선·면·입체·초입체의 개수들
사이에 어떤 관계가 성립하는가를 알아보겠습니다. 그러기
위해서 우선 2차원, 3차원 도형의 경우에 대해 알아보아야
합니다.

　점·선·면·입체·초입체는 각각 0차원, 1차원, 2차원,
3차원, 4차원이므로 그 개수를 각각 f_0, f_1, f_2, f_3, f_4라고
합시다.

　＿네, 선생님.

　우선 다음 페이지의 정사각형을 봅시다.

점의 개수는 4개, 선의 개수는 4개, 면의 개수는 1개이므로

$$f_0 - f_1 + f_2 = 1$$

을 만족합니다. 이것은 평면도형이라면 어떤 것이든지 만족하는 식입니다. 예를 들어 정삼각형을 보지요.

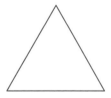

정삼각형은 $f_0 = 3$, $f_1 = 3$, $f_2 = 1$이므로 여전히 이 식을 만족합니다. 이것을 '2차원 도형에 대한 푸앵카레의 정리'라고 합니다.

__와, 신기해요.

이제 입체도형을 볼까요? 다음 정사면체를 봅시다.

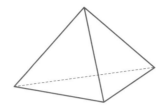

　점의 개수는 4개, 선의 개수는 6개, 면의 개수는 4개, 입체의 개수는 1개이므로

$$f_0 - f_1 + f_2 - f_3 = 1$$

을 만족합니다. 이것은 모든 입체도형이 만족하는 식입니다. 예를 들어 삼각기둥을 보지요.

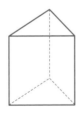

　이때 $f_0 = 6$, $f_1 = 9$, $f_2 = 5$, $f_3 = 1$이므로 정사면체와 같은 식을 만족합니다.

　다음 페이지의 정육면체를 봅시다.

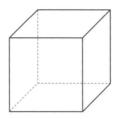

이때 $f_0 = 8$, $f_1 = 12$, $f_2 = 6$, $f_3 = 1$이므로 이 식을 만족합니다. 이것을 '3차원 도형에 대한 푸앵카레의 정리'라고 부릅니다.

초입체의 푸앵카레의 정리

이제 4차원 입체에 대해서도 푸앵카레의 정리가 성립하는지 확인해 보겠습니다. 우리는 앞에서 초정육면체는 점이 16개, 선이 32개, 면이 24개, 입체가 8개, 초입체가 1개라는 것을 배웠습니다. 그러므로 다음 식이 성립한다는 것을 쉽게 확인할 수 있습니다.

$$f_0 - f_1 + f_2 - f_3 + f_4 = 1$$

이것을 '4차원 입체(초입체)에 대한 푸앵카레의 정리'라고 합니다.

이 식이 다른 종류의 초입체에 대해서도 성립하는지 알아
봅시다. 먼저 밑입체가 사면체인 초기둥의 경우를 보지요.
처음 입체가 사면체이고 나중 입체도 사면체이지요.

따라서 다음과 같은 표를 만들 수 있습니다.

구분	처음	이동	나중	합계
점	4	0	4	8
선	6	4	6	16
면	4	6	4	14
입체	1	4	1	6

이때 초입체는 1개가 만들어지므로 초입체의 푸앵카레의
정리를 만족한다는 것을 알 수 있습니다.

이번에는 초뿔의 경우를 봅시다. 예를 들어 밑입체가 정사

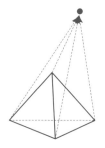

면체인 초뿔을 생각해 보도록 하지요.

처음 도형은 정사면체이고 나중 도형은 점이므로 다음과
같은 표를 만들 수 있습니다.

구분	처음	이동	나중	합계
점	4	0	1	5
선	6	4	0	10
면	4	6	0	10
입체	1	4	0	5

따라서 초뿔도 초입체의 푸앵카레의 정리를 만족한다는 것
을 알 수 있습니다.

3차원 공간에서 모든 면이 정다각형으로 되어 있는 입체를
정다면체라고 합니다. 그리고 정다면체는 모두 5종류입니다.
마찬가지로 4차원 공간에서 모든 면이 정다각형으로 되어 있

는 초입체를 초정다면체라고 하지요. 초정다면체는 다음과
같이 6종류입니다.

오포체 : 5개의 정사면체로 이루어져 있음

팔포체(초정육면체) : 8개의 정육면체로 이루어져 있음

십육포체 : 16개의 정사면체로 이루어져 있음

이십사포체 : 24개의 정팔면체로 이루어져 있음

백이십포체 : 120개의 정십이면체로 이루어져 있음

육백포체 : 600개의 정사면체로 이루어져 있음

수학자의 비밀노트

초정다면체의 점, 선, 면, 입체, 초입체의 수

구분	점	선	면	입체	초입체
오포체	5	10	10	5	1
팔포체	16	32	24	8	1
십육포체	8	24	32	16	1
이십사포체	24	96	96	24	1
백이십포체	600	1200	720	120	1
육백포체	120	720	1200	600	1

이들 초정다면체에서 확인할 수 있듯이 푸앵카레의 정리는 차원과 관계없이 모든 도형에 대해 성립합니다.

아직도 4차원의 도형을 못 믿겠다 이거지? 좋아, 그럼 푸앵카레의 정리라고 알아?

푸…푸앵…뭐?

점, 선, 면, 입체, 초입체의 개수를 f_0, f_1, f_2, f_3, f_4로 나타냈을 때 다음 식이 성립한다는 정리야.

푸앵카레의 정리

$$f_0 - f_1 + f_2 - f_3 + f_4 = 1$$

진짜? 정사각형은 점이 4, 선이 4, 면이 1, 나머지는 0이라고 볼 수 있으니까, $f_0 - f_1 + f_2 = 1$. 진짜네!

이 정리는 평면도형과 입체도형이라면 어떤 것이든 만족하는 식이야.

마찬가지로 4차원 공간에서 모든 면이 정다각형으로 되어 있는 초입체를 초정다면체라고 하는데 초정다면체는 다음과 같이 6종류가 있어.

오포체 : 5개의 정사면체로 이루어짐
팔포체 : 8개의 정육면체로 이루어짐
십육포체 : 16개의 정사면체로 이루어짐
이십사포체 : 24개의 정팔면체로 이루어짐
백이십포체 : 120개의 정십이면체로 이루어짐
육백포체 : 600개의 정사면체로 이루어짐

그리고 이 초정다면체의 점·선·면·입체·초입체의 수는 다음과 같으니까 푸앵카레의 정리에 대입해 봐.

$$f_0 - f_1 + f_2 - f_3 + f_4 = 1$$

	점	선	면	입체	초입체
오포체	5	10	10	5	1
팔포체	16	32	24	8	1
십육포체	8	24	32	16	1
이십사포체	24	96	96	24	1
백이십포체	600	1200	720	120	1
육백포체	120	720	1200	600	1

어때, 푸앵카레의 정리를 모두 만족하지? 이래도 못 믿겠어?

아이고, 복잡해라. 알았어, 믿을게.

초구(4차원의 구)

3차원의 공(구)을 4차원으로 확장한 도형은 무엇일까요?
초구에 대해 알아봅시다.

5

다섯 번째 수업

초구(4차원의 구)

리만이 조그만 공을 들고 들어와
다섯 번째 수업을 시작했다.

여러분은 지금 3차원의 공을 보고 있습니다. 4차원의 공을
초구라고 하는데 초구는 어떻게 생겼을까요? 오늘은 그것에
대해 알아보겠습니다.

2차원의 공을 원이라고 합니다.

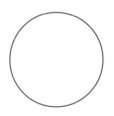

원은 한 직선에 놓여 있지 않은 3개의 점에 의해서 결정됩니다.

3차원의 공을 구라고 합니다.

마찬가지로 구는 한 평면에 놓여 있지 않은 4개의 점에 의해 결정됩니다. 이런 식으로 확장하면 한 공간에 놓여 있지 않은 5개의 점에 의해 결정되는 초입체가 바로 초구입니다. 물론 여러분이 3차원의 공을 보아도 원으로 보이듯 4차원의 초구를 보아도 원으로 보이게 됩니다. 여러분의 눈으로는 어떤 물체든지 면으로만 볼 수 있으니까요.

그럼 초구는 어떻게 만들 수 있을까요?

리만은 마분지로 반원을 만들고 지름에 젓가락을 꽂았다. 그리고 젓가락을 모터 축에 연결한 후 모터를 회전시켰다.

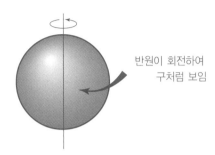

반원이 회전하여 구처럼 보임

공 모양으로 보이지요? 이렇게 반원의 지름을 회전축으로 하여 회전시키면 3차원의 공인 구가 만들어집니다. 이것은 반원이 놓여 있는 평면에 수직인 방향으로 반원을 회전시킨 결과입니다.

마찬가지로 공의 반쪽인 반구를 공간과 수직인 방향으로 회전시킨 초입체가 바로 초구이지요. 물론 우리는 3차원에서 그런 회전을 시킬 수 없지만 말이죠.

__저희에겐 '상상'이라는 힘이 있잖아요. 상상해 볼게요.

2차원의 원, 3차원의 구, 4차원의 초구 모두 중심과 반지름에 의해 묘사됩니다. 반지름이 r인 원의 넓이는 πr^2입니다. 또한 반지름이 r인 구의 부피는 $\frac{4}{3}\pi r^3$이지요.

그렇다면 반지름이 r인 4차원 초구의 초부피는 얼마일까요?

잠시 침묵이 흘렀다. 학생들은 전혀 감을 잡지 못하는 표정이었다.

반지름이 r인 4차원 초구의 초부피는 $\frac{1}{2}\pi^2 r^4$입니다. 물론 이 공식은 적분이라는 수학을 여러 번 사용하여 구할 수 있지만 이 수업에서는 증명해 줄 수 없군요.

초구가 만일 우리들이 살고 있는 3차원 공간에 나타난다면 어떤 모습일까요? 그것을 이해하기 위해서는 차원이 낮은 공간에서 먼저 생각해야 합니다.

__ 네, 낮은 차원부터 생각해 보는 것이 좋겠어요.

먼저 1차원의 공간과 2차원의 구(원)가 만나는 경우를 생각합시다.

즉, 1차원의 공간은 직선이니까 직선과 원이 만나는 경우를 생각하면 됩니다.

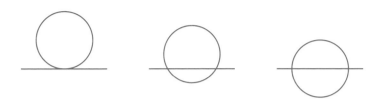

　만나는 부분이 직선이 되는군요. 그리고 만나는 부분의 직
선의 길이가 달라지지요.

　2차원의 공간과 3차원의 공(구)이 만나는 경우를 봅시다.

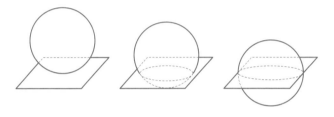

　만나는 부분이 원이 되는군요. 그리고 원의 넓이는 달라
지지요.

　3차원 공간과 4차원의 초구가 만날 때도 마찬가지입니다.
초구가 3차원 공간에 처음 나타나면 한 점으로 보이다가 점
점 부피가 커져 가장 큰 공으로 보이며 다시 부피가 작아지며
한 점이 되어 3차원 공간을 빠져나가게 될 것입니다.

2차원의 원, 3차원의 구, 4차원의 초구 모두 중심과 반지름에 의해 묘사되네요.

그러면 반지름이 r인 구의 넓이는 πr^2인데, 반지름이 r인 초구의 초부피는 얼마예요?

초구의 초부피는 '적분'이라는 개념을 사용해야 하므로 이 수업에서 증명해 줄 수는 없지만, 반지름이 r인 초구의 초부피는 $\frac{1}{2}\pi^2 r^4$입니다.

나중에 적분을 할 수 있게 되면 꼭 증명해 볼래요.

저도요.

그러면 만일 초구가 우리가 살고 있는 3차원 공간에 나타난다면 어떤 모습일까요?

그것을 이해하기 위해서는 차원이 낮은 공간에서 먼저 생각해야 해요.

초구

그럼 먼저 1차원의 공간과 2차원의 구(원)가 만나는 경우를 생각하면…

직선과 원이 만나면 직선이 돼요.

맞아요. 만나는 부분은 직선이 되고 경우에 따라 그 직선의 길이가 달라지지요.

2차원의 공간과 3차원의 구가 만나는 경우는 만나는 부분이 원이 돼요.

그리고 만나는 부분의 원의 넓이는 달라져요.

그러면 이제 차원을 한 단계 더 높여 볼까요?

초구가 3차원 공간에 처음 나타나면 한 점으로 보입니다. 그러면서 점점 부피가 커져 가장 큰 공으로 보이다가 다시 부피가 작아지며 한 점이 되어 3차원 공간을 빠져나가게 되지요.

조금 알 것 같아요!

차원의 이동

3차원의 입체를 4차원 공간에서 이동하면 어떤 모습이 될까요?
차원의 이동에 대해 알아봅시다.

6

여섯 번째 수업

차원의 이동

리만이 수업에 필요한
여러 가지 준비물을 내보이며
여섯 번째 수업을 시작했다.

오늘은 차원의 이동에 대해 이야기해 보지요.

리만은 기다란 막대기에 구멍이 뚫려 있는 여러 색깔의 구슬을 끼
워 양끝을 손으로 잡았다.

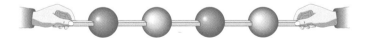

이 막대기를 1차원 세계라고 합시다. 그럼 구슬들은 1차원
세계에 살고 있지요.

리만은 구슬을 오른쪽, 왼쪽으로 움직여 보았다. 하지만 다른 구슬들이 막고 있어 막대기의 끝까지 움직일 수 없었다.

구슬들의 움직임이 자연스럽지 않지요? 1차원 세계에서는 직선 방향으로만 움직일 수 있으므로 다른 장애물을 만나면 더 이상 움직일 수 없답니다.

이제 2차원 세상을 봅시다. 2차원 세상은 면입니다.

리만은 평평한 바둑판에 검은 바둑알을 올려놓고 흰 바둑알을 검은 바둑알 방향으로 튕겼다. 두 바둑알이 충돌하였다.

여러분들은 2차원 세계에서의 충돌을 보고 있습니다. 2차원 세계의 두 물체(바둑알)는 두 물체를 연결한 선 방향으로 하나의 물체가 움직이면 무조건 충돌합니다.

하지만 2차원보다 높은 차원으로 움직인다면 충돌을 피할 수 있습니다.

리만은 다시 바둑판에 검은 바둑알을 올려놓고 검은 바둑알을 흰 바둑알 방향으로 튕겼다. 두 바둑알이 부딪치려는 순간 흰 바둑알 을 손으로 들어올렸다.

이번에는 두 바둑알이 부딪치지 않았지요? 흰 바둑알이 2차원보다 높은 차원으로 움직였기 때문입니다. 2차원 이동은 바둑판에서만 이루어지죠. 그러니까 바둑판 위로 들어올려진 바둑알은 2차원보다 높은 차원, 그러니까 3차원으로 이동한 셈이지요.

닫힌 입체의 내부와 외부는 차원에 따라 달라질 수 있습니다. 이것에 대해 얘기해 보도록 하죠.

리만은 종이에 원을 그린 다음 동그라미 안쪽에 점을 찍고 A, 원밖에 점을 찍고 B라고 썼다.

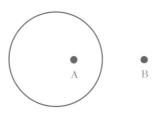

점 A는 원의 내부에 있지요? 그럼 점 B는 원의 내부에 있나요, 외부에 있나요?

__ 외부입니다.

그렇지요. 점 B는 원의 외부에 있습니다. 물론 이것은 2차원의 세계에서는 사실이지만 보다 높은 차원에서는 사실이 아닙니다.

우리가 내부라고 하는 것과 외부라고 하는 것을 수학에서는 어떻게 구별하는지 알아보겠습니다.

점 A와 점 B를 잇는 어떤 선을 그려도 원과 반드시 만나지요?

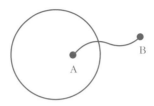

이럴 때 원은 경계라고 하고 점 A는 원의 내부의 점, 점 B
는 외부의 점이라고 합니다.

다음 그림을 봅시다.

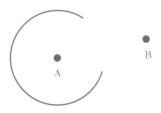

점 A와 점 B를 잇는 선으로 주어진 선과 만나지 않는 선을
그릴 수 있습니다.

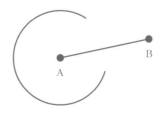

그러므로 이때 두 점은 내부의 점도 아니고 외부의 점도 아닙니다. 그러니까 주어진 선은 면을 내부와 외부로 나누지 못합니다.

그럼 원으로 다시 돌아가 봅시다. 우리가 만일 3차원에서 선을 그리면 두 점을 이은 선을 원과 만나지 않게 할 수 있습니다.

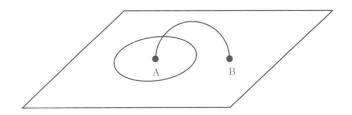

그러므로 두 점은 3차원에서는 원의 내부의 점도 외부의 점도 아닙니다. 그러니까 3차원에서 원은 내부와 외부의 경계가 되지 못합니다.

그럼 3차원에서 두 점을 내부와 외부로 구분하려면 어떻게 해야 할까요?

리만은 풍선에 옥수수 한 알을 넣고 풍선을 분 다음 풍선을 묶었다.

풍선 속의 옥수수와 여러분을 잇는 선을 그려 보세요. 단,

그 선이 풍선을 만나지 않아야 합니다.

학생들은 아무리 생각해도 그런 일은 불가능하다고 생각했다.

그러니까 풍선 안과 밖은 3차원에서는 내부와 외부가 됩니다. 그러니까 풍선과 같이 닫힌 면은 3차원 공간을 내부와 외부로 나눕니다.

하지만 만일 4차원으로 난 선을 따라가면 풍선 속의 옥수수까지 풍선을 만나지 않고 갈 수 있습니다. 즉, 풍선은 4차원 공간을 내부와 외부로 나누지 못합니다.

도형의 회전과 평행이동

다음 두 도형을 봅시다.

두 도형은 평면에서 회전과 평행이동에 의해서 서로 겹쳐질 수 있습니다.

그렇다면 다음 두 도형도 회전과 평행이동으로 겹쳐질 수 있을까요?

물론 불가능합니다.

그러나 이렇게 평면에서의 회전과 평행이동으로 겹쳐질 수 없는 두 도형도 한 차원을 확장하면 겹쳐지게 할 수 있습니다. 예를 들어 위의 두 도형은 3차원에서의 회전에 의해 겹쳐지지요.

마찬가지로 다음 두 입체를 봅시다.

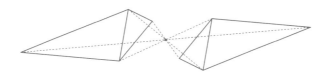

　이 두 입체는 3차원에서의 회전과 평행이동으로는 겹쳐지지 않습니다. 하지만 4차원에서 회전을 시키면 두 입체를 겹쳐지게 할 수 있지요.

　이렇게 낮은 차원에서 겹쳐지지 않는 도형이 좀 더 높은 차원에서는 겹쳐질 수 있답니다.

좋아. 이제 4차원에 대해서는 알겠는데, 그럼 넌 여길 어떻게 온 거야?

차원을 이동했어.

차원을 이동했다고?

역시 이해하지 못하는군. 자, 이 막대기를 봐. 이 막대기를 1차원 세계라고 해.

1차원 세계에서는 직선 방향으로만 움직일 수 있으므로 다른 장애물을 만나면 더 이상 움직일 수 없어. 하지만 2차원은 어떨까?

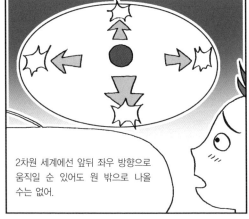

2차원 세계에선 앞뒤 좌우 방향으로 움직일 순 있어도 원 밖으로 나올 수는 없어.

그러나 이렇게 하면 선을 거치지 않고 원 밖으로 나올 수가 있지. 바로 2차원보다 높은 3차원으로 차원을 이동했기 때문이야.

알겠어. 그러니까 넌 4차원에서 3차원으로 이동을 할 때, 이 세상의 경계를 거치지 않았기 때문에 귀신처럼 나타났다는 얘기지?

후후, 이제야 말이 통하네.

휘어진 공간의 기하학

공간이 휘어지면 기하학이 어떻게 달라질까요?
곡면에서의 기하학에 대해 알아봅시다.

7

리만이 고무줄을 가져와서
일곱 번째 수업을 시작했다.

오늘은 공간이 휘어졌을 때의 기하학에 대해 알아보겠습니다.

── 네, 선생님.

리만은 2명의 학생에게 고무줄을 수평으로 잡아당기게 했다.

여러분이 보고 있는 평평한 고무줄은 1차원의 공간입니다.
이제 이 공간을 휘게 만들겠습니다.

리만은 고무줄의 중앙에 조그만 추를 매달았다. 추의 무게 때문에
추가 있는 부분이 휘어졌다.

직선이 휘어졌군요. 이것을 곡선이라고 합니다. 이것이 바
로 휘어진 1차원 공간입니다. 휘어진 1차원은 1차원에 놓일
수 없습니다. 지금과 같이 휘어진 고무줄은 그 줄을 포함하
는 2차원에 놓이게 되지요.

그럼 휘어진 1차원은 2차원에 놓이게 될지 다음 그림을 봅
시다.

용수철 모양이군요. 이것 역시 직선을 휘어서 만들 수 있는
휘어진 1차원입니다. 하지만 이것은 2차원 평면에 놓일 수
없습니다. 대신 3차원 공간에 놓이게 되지요. 그러니까 다음
과 같은 결론을 얻을 수 있습니다.

휘어진 N차원 물체는 N보다 큰 차원에 놓일 수 있다.

이번에는 휘어진 2차원에 대해 알아보겠습니다.
__ 네, 선생님.

리만은 학생들을 평평한 고무막이 있는 곳으로 데리고 갔다.

이것은 바로 평평한 2차원 공간입니다.

리만은 고무막 위에 무거운 쇠공을 올려놓았다. 쇠공이 있는 부분
이 움푹 들어갔다.

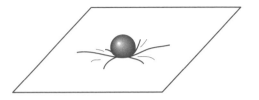

　이것이 바로 휘어진 2차원 공간입니다. 그러므로 휘어진 2
차원 공간은 2차원보다 더 높은 차원의 공간에 놓일 수 있습
니다.

　마찬가지로 3차원 공간이 휘어지면 4차원 이상의 공간에
놓이게 됩니다. 하지만 우리가 4차원 공간을 그릴 수 없기 때
문에 휘어진 3차원을 그릴 수 없습니다. 하지만 휘어진 2차
원의 성질로부터 휘어진 3차원 이상의 공간에 대해 머릿속으
로 그려 볼 수 있습니다.

휘어진 공간의 모습

이제 휘어진 공간이 평평한 공간과 다른 점을 찾아봅시다.

리만은 도화지 1장을 가지고 왔다. 대각선 방향의 두 점에 P, Q라
고 썼다.

평면에서 점 P와 점 Q 사이의 거리가 가장 짧은 선은 다음
과 같은 직선입니다.

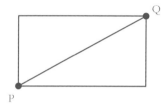

그럼 휘어진 면(곡면)에서도 두 점 사이의 최단 거리가 직선
일까요?

리만은 도화지를 둥그렇게 말아 원통을 만들었다.

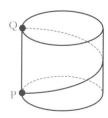

어랏! 원통을 빙글 돌아가는 나선이 되었군요. 이것이 바로 휘어진 원통 면을 따라 P에서 Q까지 갈 때 거리가 제일 짧은 곡선입니다.

이렇게 곡면에서는 두 점 사이에 거리가 제일 짧은 선이 직선이 아니라 곡선이 되지요.

다른 곡면을 봅시다.

리만은 동그란 수박을 가지고 왔다. 그리고 꼭대기에 단맛이 나는 초콜릿을 놓고 수박 면에 개미를 올려놓았다. 단 냄새를 맡은 개미가 꼭대기로 수박 면을 따라 올라갔다. 리만은 개미가 움직인 길을 펜으로 그렸다.

지금 펜으로 그린 길이 수박면과 같은 곡면에서 거리가 가장 짧은 곡선입니다. 개미는 먹이를 향해 가장 짧은 길을 움직이니까요.

리만은 개미를 내려놓고 펜으로 그려진 선을 따라 수박을 잘랐다. 수박이 정확히 반으로 나누어졌다.

이렇게 공과 같은 곡면에서 가장 짧은 거리를 주는 곡선은 공의 대원의 일부분입니다. 대원이란 공에서 그려지는 가장 반지름이 큰 원을 말합니다. 대원이 아닌 원은 작은 원이라는 뜻에서 소원이라고 합니다.

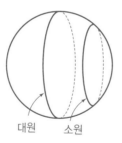

대원   소원

곡면에서의 놀라운 사실이 있습니다. 수박에 이각형을 그릴 수 있을까요?

＿네?

학생들은 이각형이라는 말을 이상하게 생각하는 것 같았다.

평면에서는 2개의 변으로만 이루어진 이각형을 그릴 수 없지요. 적어도 3개 이상의 변이 있어야 삼각형이 그려지지요. 하지만 구면과 같은 곡면에서는 이각형을 그릴 수 있답니다.

리만은 수박 위에 펜으로 이각형을 그렸다. 정말 2개의 변으로만 이루어진 이각형이었다. 학생들은 놀라워했고 곡면에서의 새로운 기하학의 신비에 점점 빠져들었다.

아이고, 힘들어! 4차원 세계라면 공간을 휘게 해서 금방 올라갈 텐데….

뭘 휜다고?

마침 좋은 예가 있네. 저 줄은 직선일 땐 1차원 공간이었지만 안내판 때문에 곡선이 되고, 곡선이 되어 휘어진 공간은 1차원에 놓일 수 없기 때문에 줄은 2차원에 놓이게 되지.

취사금지

이번에는 휘어진 1차원 공간인 용수철을 봐. 이것은 2차원 평면에 놓일 수 없어. 대신 3차원 공간에 놓이게 되지.

그러니까 휘어진 N차원 물체는 N보다 큰 차원에 놓일 수 있어. 저기 휘어진 안내판을 봐. 휘어지면 2차원보다 큰 3차원 공간에 놓이게 되잖아.

취사금지

마찬가지로 3차원 공간이 휘어지면 4차원 이상의 공간에 놓이게 돼. 그러니까 먼 거리도 쉽게 이동할 수 있겠지?

와~, 그럼 정말 편하겠다.

하지만 공간이 휘어질 때 조심해야 해. 너도 같이 휘어져서 보기 흉해질 수도 있을 테니까.

헉! 그런….

8

곡률 이야기

곡선과 곡면의 휘어진 정도를 어떻게 나타낼까요?
곡선과 곡면의 곡률에 대해 알아봅시다.

곡률 이야기

리만은 곡선의 휘어짐을
수학적으로 나타낼 수 있는
방법을 알려 주기 위해
여덟 번째 수업을 시작했다.

오늘은 선이나 면과 같은 공간이 얼마나 휘어졌는가를 나
타내는 방법에 대해 알아보겠습니다.

__ 네, 선생님. 재미있을 것 같아요.

리만은 2개의 철사를 하나는 조금 구부리고 다른 하나는 많이 구부
렸다.

두 철사는 모두 휘어져 있습니다. 그러므로 곡선을 나타내지요. 오른쪽에 보이는 철사가 더 많이 휘어져 있지요? 이렇게 더 많이 휘어진 철사에 대해 곡률이 크다고 말합니다. 그렇다면 곡률은 어떻게 정의할까요?

리만은 두 철사의 휘어진 부분에 잘 맞는 원판을 가져다 대었다. 그리고 두 원판의 반지름을 재어 보라고 했다. 적게 구부러진 철사에 맞는 원판의 반지름은 10cm이고, 많이 구부러진 원판의 반지름은 5cm였다.

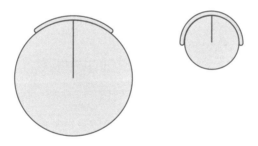

많이 구부러진 철사에 맞는 원판의 반지름이 작지요? 그러니까 반지름이 작을수록 원판의 휘어진 정도가 크다는 것을 알 수 있습니다.

이러한 원판의 반지름을 곡률 반지름이라고 하면, 곡률은 다음과 같이 정의됩니다.

$$(곡률) = \frac{1}{(곡률\ 반지름)}$$

리만은 학생들을 차에 태워 구불구불한 길을 달렸다. 어떤 곳은 굴곡이 심하고 어떤 곳은 굴곡이 거의 없었다. 리만은 차로 달린 길의 지도를 학생들에게 보여 주었다.

이 도로는 곡률이 계속 달라지고 있지요? 도로의 세 지점 A, B, C에서의 곡률 반지름을 알아봅시다.

＿네, 선생님.

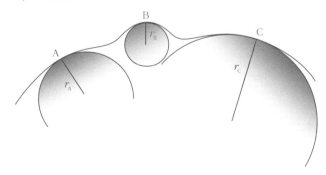

세 지점 A, B, C에서 곡률 반지름을 r_A, r_B, r_C라고 하면, 그림에서처럼 r_B가 가장 작고 r_C가 가장 크지요? 그러니까 각 지점에서의 곡률을 K_A, K_B, K_C라고 하면, 곡률은 K_B가 가장 크고 K_C가 가장 작지요. 이렇게 곡선의 각 점에서의 곡률은 곡률 반지름을 이용하여 구할 수 있답니다.

그렇다면 직선의 곡률은 얼마일까요?

학생들은 직선이 왜 곡률이 있는지 이상하게 생각하는 표정이었다.

직선은 아주 커다란 원입니다. 반지름이 아주 큰 수인 무한대가 되는 원이지요. 무한대는 기호로 ∞라고 씁니다. 그러므로 직선의 곡률 반지름은 ∞입니다.

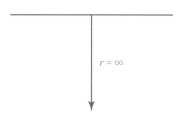

$r = \infty$

따라서 직선의 곡률은 $\frac{1}{\infty}$이 되는데 1을 무한히 큰 수로 나누면 0이 되므로 $\frac{1}{\infty}$은 0이 됩니다. 그러므로 직선의 곡률은 0입니다.

곡면의 곡률은 어떻게 정의할까요? 곡면은 2차원의 휘어진 면입니다. 그러므로 곡면의 곡률은 곡선의 곡률보다는 좀 더 복잡하게 정의됩니다.

리만은 달걀을 가지고 나와 탁자 위에 올려놓았다. 그리고 한 점을 P라고 하고 그 점을 지나는 2개의 곡선을 그렸다.

이제 달걀 위의 P점에서의 곡률을 정의하겠습니다. P점을 지나는 달걀 위의 곡선은 무수히 많이 생기겠지요?

이 중에서 가장 심하게 구부러진 곡선의 곡률을 m이라고 하고 가장 적게 구부러진 곡선의 곡률을 n이라고 하면, 이

곡면의 곡률 K는 다음과 같이 정의합니다.

$$K = m \times n$$

이때 곡면이 겉으로 부풀어 있으면 곡선의 곡률을 양수로 택하고, 곡면이 오므라들어 있으면 음수로 택합니다. 그러니까 공이나 달걀과 같이 겉으로 부풀어진 입체에서는 곡선의 곡률이 양수가 되지요. 곡면의 곡률이 두 곡선의 곡률의 곱이므로 곡면의 곡률은 양수, 음수 또는 0 중의 하나가 됩니다.

그럼 먼저 양의 곡률을 가진 곡면의 예를 들어 보지요.

리만은 하얀 공을 가지고 왔다. 그리고 공의 한 점에 P라고 썼다.

P점에서는 어떤 곡선을 그려도 곡선의 곡률이 양수이고 그 크기가 같습니다. 그러므로 공의 반지름을 r이라고 하면

$$m = \frac{1}{r}, \; n = \frac{1}{r}$$

이 되지요. 그러므로 반지름이 r인 구면의 곡률 K는

$$K = \frac{1}{r} \times \frac{1}{r} = \frac{1}{r^2} > 0$$

이 되어 양수가 됩니다. 그러므로 구면은 양의 곡률을 가진

대표적인 곡면이지요.

리만은 컵을 가지고 왔다. 그리고 컵의 안쪽에 P라고 쓰고 그 점을 지나는 가장 심하게 구부러진 곡선과 가장 적게 구부러진 곡선을 그렸다.

어느 방향으로 보나 컵의 안쪽 면은 오므라들어 있습니다. 그러므로 이 경우 두 곡선의 곡률은 모두 음수가 되지요. 즉 m, n이 모두 음수입니다. 하지만 이 컵의 안쪽 면의 곡률은 m과 n의 곱이므로 다시 양수가 됩니다. 그러므로 이 컵의 안쪽 면 역시 양의 곡률을 가지고 있습니다.

＿아, 그렇군요.

이번에는 곡률이 0인 곡면을 봅시다.

리만은 복사지 1장을 가지고 와서 중앙에 P라고 쓰고 수직으로 만나는 직선을 2개 그렸다.

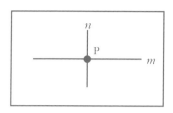

P점을 지나는 곡선은 모두 직선입니다. 직선의 곡률은 0이므로 이 경우 m, n 모두 0이 되지요. 따라서 평면의 곡률은 0입니다.

그럼 평면이 아니면서 곡률이 0이 되는 곡면이 있을까요?

리만은 원통 모양으로 생긴 음료수 캔을 가지고 왔다. 그리고 옆면에 P라고 썼다.

P점에서 가장 심하게 구부러진 곡선은 원이지요. 그리고 가장 적게 휘어진 곡선은 높이 방향으로의 직선입니다.

그러므로 원통의 반지름을 r이라고 하면 $m = \dfrac{1}{r}$이 되고, $n = 0$이 됩니다. 그러므로 원통의 옆면의 곡률은 $K = 0$입니다.

그렇다면 음의 곡률을 가진 곡면은 무엇일까요?

리만은 절구통 모양의 입체를 가지고 와서 옆면에 점 P라고 썼다.

이것이 바로 음의 곡률을 가진 대표적인 곡면입니다. 왜 그런지 알아봅시다.

우선 점 P를 지나면서 가장 심하게 구부러진 곡선과 가장

적게 휘어진 곡선을 그려 보겠습니다.

이때 가로 방향의 곡선은 양의 곡률을 가지고 세로 방향의
곡선은 음의 곡률을 가집니다. 그러므로 m, n의 부호가 서로
반대이지요. 그러므로 이 곡면의 곡률은 음수가 됩니다.

9

곡면의 기하학

곡면에서는 기하학이 어떻게 달라질까요?
양의 곡률을 가진 곡면과 음의 곡률을 가진 곡면에 대해 알아봅시다.

9

마지막 수업
곡면의 기하학

리만은 지금까지 열심히 들어 준 학생들에게 고마움을 느끼며 마지막 수업을 시작했다.

학생들은 4차원과 휘어진 면에서의 신비한 기하학에 대해 더 배우고 싶어 하는 표정이었다. 리만도 좀 더 많은 이야기를 해 줄 수 없다는 것에 대해 아쉬워하는 표정이었다.

마지막으로 평면과 곡면에서 달라지는 점들을 알아보겠습니다.

평면에서는 한 점을 지나고 다른 직선에 평행인 직선을 항상 그릴 수 있습니다. 그리고 이 두 평행선은 서로 만나지 않지요.

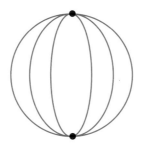

하지만 곡면에서는 달라집니다. 예를 들어 구면과 같이 양의 곡률을 가진 곡면을 봅시다.

양 극점(북극점과 남극점)을 이은 곡선들은 모두 평행선입니다. 그러므로 구면에서는 모든 평행선들이 만나게 됩니다. 따라서 구면상의 한 점에서 다른 곡선과 만나지 않는 평행선은 존재하지 않습니다.

__와, 정말요? 신기해요.

음의 곡률을 가진 면에서는 어떻게 될까요? 다음과 같이 음의 곡률을 가진 면을 봅시다.

__네, 선생님.

위 도형의 옆면에서 서로 만나지 않는 평행선은 다음과 같
이 무수히 많이 존재하지요.

원의 넓이

이번에는 곡면에서의 원의 넓이에 대해 알아봅시다. 먼저
평면에서의 반지름이 r인 원의 넓이는 πr^2입니다. 그럼 곡면
에서의 원의 넓이는 πr^2보다 커질까요, 작아질까요?

먼저 양의 곡률을 가진 구면에서 원을 그려 봅시다.

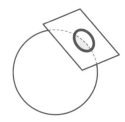

위 그림에서 보는 것처럼 구면에서의 원의 넓이는 평면에서의 원의 넓이보다 작아집니다.

이번에는 음의 곡률을 가진 곡면에서 원을 그려 봅시다.

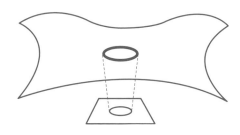

위 그림에서 보는 것처럼 음의 곡률을 가진 곡면에서 원의 넓이는 평면에서의 원의 넓이보다 커집니다.

삼각형의 내각의 합

이번에는 삼각형의 내각의 합에 대해 알아보겠습니다. 먼저 평면에서의 삼각형의 내각의 합은 180°입니다.

하지만 양의 곡률을 가진 구면에는 직선을 그릴 수 없으므로 3개의 곡선으로 둘러싸인 삼각형을 만들게 됩니다. 이때 삼각형의 내각의 합은 180°보다 커지게 되지요. 다음 그림은 세 각이 모두 직각인 삼각형을 구면에 그려 본 것입니다.

이 삼각형의 내각의 합은 270°가 되어 180°보다 커진다는 것을 알 수 있습니다.

한편 음의 곡률을 가진 곡면에 삼각형을 그려 봅시다.

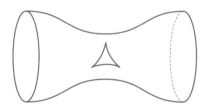

삼각형이 오므라들었지요? 그러므로 음의 곡률을 가진 곡면에서 삼각형의 내각의 합은 180°보다 작아집니다.

드디어 휘어진 공간을 찾았어! 이젠 돌아갈 수 있겠다.

와, 그거 잘됐다. 근데 공간이 휘어진다는 건 어떤 의미야?

음, 공간이 휘어진다는 건 평면과 곡면을 비교해 보면 쉽게 알 수 있어.

그래? 좀 더 자세히 설명해 줘.

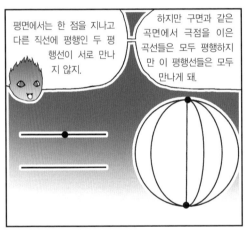

평면에서는 한 점을 지나고 다른 직선에 평행인 두 평행선이 서로 만나지 않지.

하지만 구면과 같은 곡면에서 극점을 이은 곡선들은 모두 평행하지만 이 평행선들은 모두 만나게 돼.

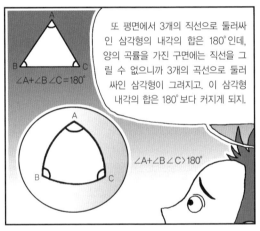

또 평면에서 3개의 직선으로 둘러싸인 삼각형의 내각의 합은 180°인데, 양의 곡률을 가진 구면에는 직선을 그릴 수 없으니까 3개의 곡선으로 둘러싸인 삼각형이 그려지고. 이 삼각형 내각의 합은 180°보다 커지게 되지.

$\angle A + \angle B \angle C = 180°$

$\angle A + \angle B \angle C > 180°$

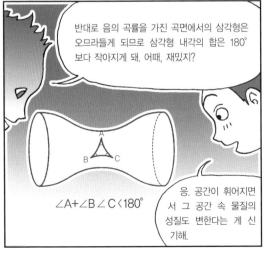

반대로 음의 곡률을 가진 곡면에서의 삼각형은 오므라들게 되므로 삼각형 내각의 합은 180°보다 작아지게 돼. 어때, 재밌지?

응. 공간이 휘어지면서 그 공간 속 물질의 성질도 변한다는 게 신기해.

$\angle A + \angle B \angle C < 180°$

너 덕분에 많은 걸 배울 수 있어서 좋았는데, 이렇게 간다니 아쉽다.

후후, 나도 그래. 하지만 언제 또 공간이 휘어지면 다시 만날 수 있을지도 모르지. 그럼 안녕!

걸리버 여행기
차원의 나라

이 글은 조너선 스위프트의 《걸리버 여행기》를
저자가 패러디한 동화입니다.

어느 날, 영국의 어느 항구를 떠나는 배가 한 척 있었습니다.

이 배의 이름은 가우시안 호입니다. 걸리버는 의사로 이 배에 타게 되었습니다.

걸리버가 탄 배는 돛이 3개 달린 아주 큰 배로 인도를 향하고 있었습니다.

배가 항구를 떠난 지 6달쯤 지났을 무렵, 심한 폭풍이 몰아쳐 가우시안 호는 세찬 파도에 마구 흔들렸습니다.

"앞에 바위가 있다. 모두 배를 꼭 잡아!"

선장이 소리쳤습니다. 그러나 이미 때는 늦었습니다.

배는 바위에 부딪쳐 산산조각이 나고 말았습니다.

"사람 살려!"

걸리버와 선원들은 모두 물에 빠져 허우적거렸습니다. 걸리버는 죽을힘을 다해 헤엄을 쳤습니다. 그러다가 어느 바닷가에 닿은 걸리버는 너무 지쳐서 그 자리에 쓰러졌습니다.

걸리버가 정신을 차려 보니 평평한 대지의 한복판에 자신이 서 있었고 하늘은 아무 배경도 없이 흰빛이었습니다.

"여기가 도대체 어디지?"

걸리버는 주위를 돌아보았습니다. 하지만 아무것도 보이지 않았습니다.

"두 사람이 움직이고 있어."

어디선가 작은 목소리가 들렸습니다. 걸리버는 소리가 나는 곳으로 눈을 돌렸습니다.

땅바닥에 동전처럼 붙어 있는 이상한 생물들이 주고받는 소리였습니다.

"저게 뭐지?"

걸리버는 바닥을 바라보며 말했습니다. 이상한 생물들은 아이스하키의 퍽이 얼음 위를 미끄러져 다니듯 바닥에서 이리저리 움직이고 있었습니다. 수십 개의 신기한 생물들이 걸리버의 주위를 동그랗게 포위하고 있었습니다.

걸리버는 오른발을 움직였습니다.

"한 놈이 움직였다. 모두 발사!"

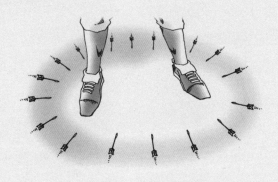

　대장처럼 보이는 생물이 명령했습니다. 그리고 사방에서 오른발을 향해 화살이 날아왔습니다. 그런데 화살은 모두 땅바닥을 미끄러지듯 기어와 오른발 아래로 향했습니다.

　화살이 가까이 오자 걸리버는 오른발을 들어 올렸습니다.

　"한 놈이 사라졌다!"

　대장이 소리쳤습니다. 그리고 화살들은 서로서로를 향했습니다. 생물들은 혼비백산해 뒤로 도망쳤습니다.

　"가만! 이 나라에서는 모든 것이 바닥에서만 이루어지잖아? 그렇다면 이곳은 2차원의 세계야. 나는 3차원의 생물이고 이들은 2차원의 생물이니까 저 생물들은 바닥에 닿은 부분만을 볼 수 있을 거야. 그러니까 내가 두 발을 딛고 있으니까 저 생물들에게는 내가 2명으로 보이는 거지. 좋아, 3차원의 신비를 보여 줄까?"

걸리버는 이렇게 중얼거리면서 한 팔을 땅에 대었습니다.

"1명이 더 늘어났어. 모두 3명이야!"

대장이 놀라 말했습니다.

걸리버는 다른 팔도 바닥에 대었습니다.

"이번에는 4명이 되었어!"

걸리버는 머리도 땅에 대었습니다.

"모두 5명이야? 도대체 몇 명이지?"

대장은 눈을 이리저리 돌리면서 걸리버가 땅에 댄 두 팔과
두 다리, 머리를 번갈아 쳐다보며 말했습니다.

"히잇! 재밌군. 난 혼잔데 5명으로 생각하다니."

걸리버는 빙그레 미소를 지으며 이번에는 위로 깡충 뛰어

안!
3명이다.

올랐습니다.

"놈이 사라졌어!"

대장이 소리쳤습니다.

걸리버가 다시 바닥에 떨어지자 대장이 외쳤습니다.

"다시 2명이야."

걸리버가 계속 깡충깡충 뛰자 2차원 생물들은 신기한 마술
에 놀란 표정이었습니다. 걸리버가 위로 올라갔을 때는 안
보이고 바닥에 닿으면 보이는 그런 일이 반복되었기 때문입
니다.

2차원 사람들은 걸리버의 신기한 마술을 구경하기 위해 몰
려들었습니다. 그리고 2차원 왕국의 2D왕도 신하들과 함께

나타났습니다.

"당신은 어디에서 온 사람이오?"

왕이 물었습니다.

"저는 3차원의 세상에서 온 걸리버라는 의사입니다."

걸리버가 대답했습니다.

"우리는 2차원의 세계에서 살고 있소. 그런데 3차원이 뭐지?"

왕이 이해가 잘 안 간다는 듯이 물었습니다.

"당신들은 앞뒤와 좌우라는 두 방향으로만 움직일 수 있습니다. 그러니까 2차원 이동만 가능한 거죠. 하지만 저는 당신들보다 하나의 방향을 더 가지고 있습니다. 그 방향은 위아

위, 아래가 뭐야?

래 방향이지요. 이렇게 세 방향으로 움직일 수 있는 생물이 3
차원 생물이지요."

걸리버가 설명했습니다.

"위아래? 그런 단어는 처음 들어 보는데."

왕이 고개를 갸우뚱거렸습니다.

그러자 걸리버의 설명이 이어졌습니다.

"당신들이 한 번도 본 적이 없는 방향이죠. 불행히도 당신
들은 내가 위아래로 이동하는 것을 볼 수 없답니다. 당신들
은 평면에 존재하는 2차원 물체만을 볼 수 있으니까요."

2차원의 생물들은 걸리버의 설명을 잘 이해하지 못하는 것
같아 보였습니다.

갑자기 걸리버의 배에서 '꼬르륵' 소리가 났습니다.

"걸리버가 배가 고픈가 봐."

2차원 생물들이 웅성거렸습니다. 이어서 정사각형 모양의 빵 2개를 가지고 왔습니다. 2차원의 생물들은 아직도 걸리버의 두 발을 보고 있기 때문에 걸리버를 두 사람으로 보고 있었기 때문입니다. 빵은 한 변의 길이가 10cm 정도였지만 2차원의 빵인지라 두께가 없었습니다. 걸리버는 재빨리 2개의 빵을 손으로 집었습니다.

"빵이 사라졌어!"

왕이 소리쳤습니다. 걸리버는 2조각의 빵을 입에 넣었습니다. 하지만 두께가 없는 빵이라 먹은 것 같지 않았습니다.

"빵 좀 더 주세요. 배가 너무 고파요."

걸리버가 사정했습니다.

"그가 먹고 싶은 만큼 빵을 먹게 하라."

왕이 신하들에게 명령했습니다.

잠시 후 2차원 나라의 군인들이 왕궁 창고에 보관하고 있던 수많은 빵들을 가지고 왔습니다.

걸리버는 빵이 오는 즉시 입으로 집어넣었습니다. 물론 2차원 생물들은 걸리버가 빵을 먹는 모습을 볼 수 없었습니다. 대신에 수많은 빵 조각이 그들의 눈앞에서 갑자기 사라지는 것을 보았을 뿐이었습니다.

2차원 나라 안에 걸리버에 대한 소문이 널리 퍼졌습니다. 많은 사람들이 걸리버를 구경하려고 몰려드는 통에 마을이 텅 비는 일이 자주 벌어졌습니다.

왕은 신하들과 대책 회의를 열었습니다.

"걸리버 문제를 어떻게 하면 좋겠소?"

"그리 나쁜 생물 같지는 않습니다. 말도 상냥하게 하고 예의도 바릅니다."

국민들에게 예절을 가르치는 예절부 장관이 말했습니다.

"그는 우리보다 한 차원이 높은 생물입니다. 우리가 그에게 3차원의 기하학을 배울 수 있다면 수학 천재를 양성하는 데 도움을 줄 수 있으리라고 생각합니다."

수학부 장관이 말했습니다.

"하지만 우리는 그가 누군지 모릅니다. 이웃 나라에서 보낸 첩자인지도 모르지 않습니까? 그러므로 그에 대한 철저한 신원 확인을 해야 할 것으로 생각합니다."

정보부 장관이 말했습니다.

그때 한 손으로 턱을 받치고 뭔가 깊은 생각에 잠겨 있던 식량부 장관이 말했습니다.

"걸리버는 우리의 세상에서 살 수 없습니다. 그는 우리가 수십만 끼로 먹을 수 있는 식사를 한 끼로 해치우고 있습니다. 이런 식으로 먹어 치운다면 우리 백성들은 모두 굶어 죽게 됩니다. 걸리버를 우리나라에서 추방해야 합니다."

"하긴 엄청 먹어 치우더군. 그렇게 많이 먹는 생물은 처음 봤어. 물론 음식을 먹는 광경은 직접 보지 못했지만. 식량 문제 때문에 어쩔 수 없군."

　왕은 침통한 표정으로 말했습니다. 걸리버를 어쩔 수 없이 다른 곳으로 내보내야 했기 때문입니다.

　한편 걸리버는 2차원 나라의 아이들과 재미있게 놀고 있었습니다. 그의 상냥함과 갑자기 여럿으로 변하는 마술은 아이들에게 신기하게 보였기 때문이었습니다.

　걸리버는 자신을 둘러싼 아이들 앞에서 한 발로 뛰다가 두 발로 뛰는 것을 반복했습니다.

　아이들은 1명이 보이다가 사라졌다가 다시 2명이 보이다가 사라지는 일이 눈앞에서 반복되자 탄성을 질렀습니다. 2

차원의 생물들은 그렇게 움직일 수 없었기 때문이지요.

걸리버는 아이들에게 3차원의 기하에 대한 재미있는 얘기도 들려주었습니다.

"걸리버 아저씨, 안녕!"

"그래, 또 놀러 오렴."

이제 2차원의 아이들은 걸리버를 친구처럼 생각했습니다.

그러던 어느 날, 다른 나라의 신하가 급히 뛰어왔습니다.

"폐하! 저는 리마니안국의 사신입니다. 이웃 나라인 유클리디안국의 군사들이 쳐들어오고 있어요. 우리나라를 도와주세요."

사신이 무릎을 꿇고 왕에게 사정했습니다.

"물론 도와드리지요. 리마니안국과 우리는 동맹이니까요. 그리고 유클리디안국은 약탈을 일삼는 나쁜 나라이니까 우리가 반드시 물리쳐야 하지요."

왕이 말했습니다.

왕은 고민 끝에 걸리버를 보내기로 했습니다. 그래서 걸리버는 유클리디안국을 물리치기 위해 리마니안국으로 갔습니다. 걸리버가 아주 빠른 걸음으로 걸었기 때문에 다른 군사들에게는 걸리버가 순간 이동을 하는 것으로 보였습니다.

저 멀리 유클리디안국의 대군이 리마니안국의 성을 향해

몰려오고 있었습니다. 걸리버는 유클리디안국의 군사들 앞에 섰습니다. 그리고 그들 앞에서 깡충깡충 뛰었습니다. 유클리디안국의 군사들은 걸리버의 순간 이동을 처음 본 탓에 많이 놀란 표정이었습니다.

잠시 후 유클리디안국의 군사들이 걸리버의 발을 향해 화살을 쏘았습니다.

"또 바닥으로 기어다니는 화살이군!"

걸리버는 깡충 뛰어 화살을 피했습니다. 그리고 입 안에 침을 가득 모아 유클리디안국의 군사들에게 뱉었습니다. 침이 바닥에 떨어지자 거대한 연못으로 변했습니다. 유클리디안국의 군사들이 연못에서 허우적대기 시작했습니다.

걸리버는 여기저기로 침을 뱉었습니다. 연못들이 합쳐져 거대한 바다를 이루었습니다. 갑자기 큰 바다를 만난 유클리

디안국의 군사들이 혼비백산하여 도망쳤습니다. 걸리버의
통쾌한 승리였습니다.

　왕은 걸리버에게 매우 고마워했습니다. 그리고 걸리버를
위한 잔치가 벌였습니다. 궁전에는 많은 식사들이 마련되었
습니다. 걸리버의 3차원 위를 채우기 위해서는 무수히 많은
2차원의 음식이 필요했기 때문입니다. 걸리버 앞에서 음식이
순간적으로 사라지는 모습을 처음 본 리마니안국 사람들은
무척 놀란 표정이었습니다.

　"이러다가는 두 나라의 음식이 모두 없어지겠어."

　왕은 걱정이 되었습니다.

얼마 후, 왕이 걸리버를 불렀습니다.

"이번에는 리마니안국을 먼저 공격해야겠어. 자네가 지휘를 해 주게."

왕은 리마니안국을 자기 나라의 땅으로 만들려는 것이었습니다.

"그럴 수는 없습니다. 지난번에는 유클리디안국이 쳐들어 왔으니까 막은 것이지만 저는 다른 나라를 먼저 공격하는 것은 마찬가지로 나쁜 일이라고 생각합니다."

"무엇이라고! 그럼 나의 계획이 잘못되었다는 말인가?"

"이제 리마니안국은 유클리디안국을 공격하지 않을 겁니다. 그러니까 이제 사이좋게 지낼 방법을 찾으셔야 합니다."

걸리버가 강경하게 말했습니다. 그러자 왕은 화를 벌컥 냈습니다.

며칠이 지났습니다.

한밤중에 병사 하나가 숨을 헐떡이며 찾아왔습니다.

"폐하! 왕비님의 궁전에 불이 났습니다."

"야단났군. 빨리 가자!"

왕은 걸리버를 데리고 왕비의 궁전으로 갔습니다. 2차원의 사람들은 궁궐의 가장자리에 물총을 쏘고 있었습니다.

"비켜! 안 비키면 밟혀요."

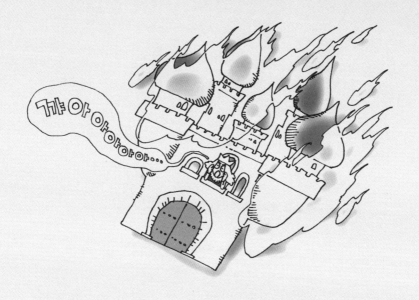

걸리버는 이렇게 소리치며 2차원의 사람들을 피해 왕비의
궁궐 쪽으로 다가갔습니다. 불길은 점점 더 거세어지고 있었
습니다.

"살려 주세요."

왕비는 궁 안에 갇혀 있었습니다. 점점 불길이 궁궐의 안쪽
으로 번져 가고 있었습니다.

그때 걸리버의 머릿속에 아주 멋진 생각이 떠올랐습니다.

"그래! 오줌을 누면 꺼질 거야."

걸리버는 전날 밤 잔치에서 포도주를 많이 마셨고, 아직까
지 한 번도 오줌을 누지 않았습니다.

"비키시오!"

걸리버는 이렇게 말하며 궁전의 안쪽을 향해 오줌을 누었습니다.

불은 삽시간에 꺼졌습니다. 왕은 오줌을 뒤집어쓴 왕비에게 달려갔습니다.

"그런데 이게 무슨 냄새지?"

왕은 왕비의 몸에서 이상한 악취를 느꼈습니다. 그때 궁궐의 화학자가 말했습니다.

"이건 오줌입니다."

"왕비에게 오줌을 누다니 ……. 이건 용서할 수 없어!"

걸리버의 행동에 화가 난 왕은 걸리버를 가두기로 결심했습니다.

"어차피 쫓겨날 거라면 내가 먼저 가자."

걸리버는 이렇게 중얼거리면서 2차원의 나라를 빠른 걸음으로 빠져나갔습니다.

"걸리버가 순간 이동한다!"

병사들이 외쳤습니다.

하지만 2차원의 생물들이 3차원의 걸리버를 잡기에는 역부족이었습니다. 걸리버는 정신없이 뛰었습니다. 한참을 달리다가 걸리버는 잠시 정신이 몽롱해져서 의식을 잃고 말았습니다.

잠시 후 깨어 보니 걸리버의 눈앞에 파란 하늘과 흰 구름이 나타났습니다.

"3차원 공간이야. 드디어 2차원을 탈출한 거야."

걸리버는 기뻐서 소리치면서 덩실덩실 춤을 추었습니다. 그때 반지름이 1cm 정도 되어 보이는 작은 구슬이 걸리버의 눈앞에 나타났습니다.

"저게 뭐지?"

걸리버는 구슬을 뚫어지게 쳐다보았습니다. 구슬은 유난히 반짝거렸고 눈앞에서 크기가 계속 변했습니다.

"마법의 구슬이야. 가까이 가 봐야지."

걸리버는 이렇게 말하면서 구슬을 잡기 위해 손을 뻗었습니다. 구슬이 갑자기 커지더니 걸리버를 단숨에 삼켜 버렸습니다. 걸리버는 한참 동안 정신을 잃었습니다.

잠시 후 걸리버가 눈을 떴습니다. 놀라운 광경이 걸리버의

눈앞에 펼쳐졌습니다. 주사위 모양의 물체가 여러 가지 모습
으로 변하면서 커졌다 작아지는 것이었습니다.

"저건 4차원 초정육면체? 그러니까 하이퍼큐브!"

걸리버는 비로소 자신이 4차원의 공간으로 들어왔다는 것
을 알게 되었습니다.

"2차원을 탈출했더니 이번엔 4차원이군."

걸리버는 낙심한 표정으로 중얼거렸습니다.

걸리버는 하이퍼큐브와 부딪치지 않으려고 발버둥쳤지만
소용이 없었습니다. 결국 걸리버는 하이퍼큐브의 한쪽 입체
에 갇히게 되었습니다. 하이퍼큐브의 한쪽 입체는 정육면체

모양이었지요.

"아빠, 저 사람은 입체 속에서만 살고 있어."

어디선가 아이의 목소리가 들렸습니다.

"아마도 입체에서만 움직일 수 있는 원시적인 3차원 생물일 거야."

어른의 목소리가 들렸습니다.

걸리버는 하이퍼큐브 모양의 식탁 한쪽 입체에 놓여진 것이었습니다. 그리고 말을 주고받은 어른과 아이는 4차원의 생물들이었던 것입니다. 그들은 4차원 공간의 하이퍼큐브 식탁을 사용했고 음식은 걸리버가 있는 한쪽 정육면체에 놓여 있었던 것입니다.

"아빠, 저 사람은 면으로 둘러싸여 있어. 그리고 왼쪽 엉덩이에 큰 점이 있어. 후후후."

아이가 웃으면서 말했습니다.

"어떻게 내 엉덩이에 점이 있는 걸 알지? 난 바지를 입고 있는데……."

걸리버는 손으로 왼쪽 엉덩이를 가렸습니다.

그때 걸리버의 배에서 꼬르륵 소리가 났습니다.

"아빠, 저 원시인이 배가 고픈가 봐."

아이가 말했습니다.

"이름이 뭐지?"

4차원의 사내가 걸리버에게 물었습니다.

"저는 3차원의 나라에서 온 걸리버라는 여행가입니다. 먹을 것을 좀 주세요."

걸리버가 사정했습니다.

그 사내는 아이가 먹다 남은 4차원의 빵 조각을 걸리버에게 던졌습니다. 거대한 빵 조각이 걸리버가 있는 정육면체에 떨어졌습니다. 그 빵 조각은 걸리버가 아무리 먹어도 조금도 줄어들지 않았습니다. 걸리버는 너무 허기졌기 때문에 거대한 빵 조각을 마음껏 먹을 수 있었습니다.

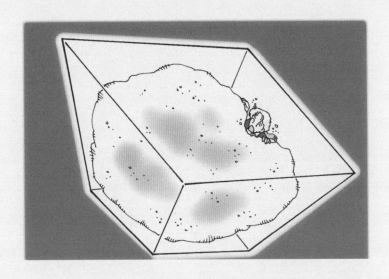

"아빠! 저 사람은 조그만 빵 조각을 아직도 먹고 있어."

아이가 놀라운 듯 걸리버의 이상한 행동을 바라보며 말했습니다.

"4차원의 초부피를 가진 초입체는 3차원 사람들에게는 거대한 부피가 되거든. 걸리버가 원시 차원의 생물이라 그런 거야."

아빠가 설명했습니다.

그때 갑자기 4차원의 벌이 걸리버가 있는 정육면체로 들어왔습니다. 걸리버는 총을 꺼내 벌을 향해 쏘았습니다.

벌은 정육면체 밖으로 나가 4차원 초공간으로 사라졌습니다. 물론 걸리버에게는 벌이 순간 이동한 것처럼 보였습니

다. 그 광경을 신기하게 바라보고 있는 순간 걸리버가 쏜 총
알은 정육면체의 벽에 부딪힌 후 걸리버를 향해 날아왔습니
다. 걸리버는 몸을 피해 간신히 자신이 쏜 총알을 피할 수 있
었습니다.

"3차원의 총알로는 4차원의 벌을 잡을 수 없군."

걸리버는 속으로 중얼거렸습니다.

"아빠! 저 원시인을 내 옷에 붙이고 다니고 싶어."

아이가 말했습니다.

"그렇게 하렴."

아빠가 동의했습니다. 아이는 걸리버를 손으로 잡아 자신
의 윗옷에 놓았습니다. 하지만 걸리버는 작은 입체 속에서

자유롭게 둥둥 떠다닐 수 있었습니다. 4차원 생물들의 옷은 3차원 입체이기 때문이지요.

아이가 걸리버를 옷에 붙이고 마을을 돌아다니자 걸리버를 구경하기 위해 많은 4차원의 생물들이 몰려들었습니다.

"이 원시인으로 돈을 벌 수 있겠군."

4차원의 사내는 속으로 이렇게 중얼거렸습니다. 그리고 조그만 초정육면체의 한쪽 입체에 걸리버를 놓고 한 번 보여 줄 때마다 사람들에게 돈을 받았습니다. 걸리버는 4차원 생물들이 시키는 대로 공간 위를 둥둥 떠다니면서 영국의 기사들처럼 칼을 뽑아 휘두르기도 하고 젊었을 때 배운 창술도 펼쳤습니다.

매일 똑같은 공연을 하는 걸리버는 피곤해서 쓰러질 지경이었지만 구경꾼들은 날마다 밀려 들어왔습니다.

하루는 장난꾸러기 아이가 걸리버의 머리를 향해 4차원 도토리를 던졌습니다. 걸리버는 4차원 도토리를 피하려고 했지만 도토리가 점점 커져 걸리버가 있는 입체를 모두 채워 버렸습니다. 결국 걸리버는 4차원 도토리에 짓눌렸습니다.

이 사고로 걸리버는 큰 부상을 입었습니다. 그리고 고향 생각에 매일 눈물을 흘렸습니다.

"걸리버가 불쌍해."

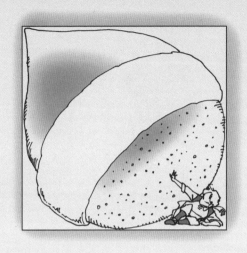

　걸리버가 우는 모습을 바라보던 아이가 걸리버를 불쌍하게
여겼습니다. 그리고 걸리버를 탈출시키기로 결심했습니다.

　다음 날 아이의 아빠가 잠시 외출한 틈을 타 아이는 걸리버
를 자신의 손바닥에 올려놓고 걸리버가 처음 들어온 구슬의
입구로 데리고 갔습니다. 구슬의 입구에는 조그만 문이 있었
습니다.

　"그 문으로 나가면 3차원의 공간으로 갈 수 있을 거예요."

　아이가 말했습니다.

　"고마워."

　걸리버는 아이에게 인사를 하고 문으로 걸어갔습니다. 걸
리버는 잠시 정신이 몽롱해지기 시작했습니다.

걸리버는 눈을 떴습니다. 자신이 들어갔던 조그만 구슬이
옆에 보였습니다.

"드디어 탈출했군."

걸리버는 안도의 한숨을 내쉬었습니다. 그리고 고향으로
돌아가 자신이 겪었던 2차원의 나라와 4차원의 나라에 대한
얘기를 사람들에게 들려주었습니다. 하지만 아무도 믿으려
고 하지 않았습니다.

리만 적분을 정리한
리만Georg Friedrich Bernhard Riemann, 1826~1866

　리만은 독일의 하노버에서 목사의 아들로 태어났습니다. 어릴 적 몸이 허약하고 수줍음이 많았던 리만은 10세 때까지 아버지에게 수학을 배웠습니다. 16세에는 900쪽에 이르는 정수론 책을 단 6일 만에 읽을 정도로 수학을 좋아하였습니다.

　리만은 아버지의 기대 때문에 처음에는 신학을 공부하게 됩니다. 하지만 수학을 포기할 수 없었던 그는 아버지를 설득하여 수학 공부를 시작하게 됩니다.

　리만은 괴팅겐 대학교와 베를린 대학교에서 공부하였는데, 괴팅겐 대학교에서는 가우스에게서 수학을 배웠습니다. 1851년 괴팅겐 대학교의 강사로 학생을 가르치다가 1857년에는 조교수, 1859년에는 교수로 학생들을 가르치게 됩니다. 말년에는 베버(Wilhelm Weber)의 영향을 받아 이론 물리학에 흥미를 갖게 되어 편미분 방정식에 대한 강의를 하였습니다. 이 강의 내용은 리만이 죽은 뒤 베버에 의해 책으로 출판되었습니다.

1854년에 리만은 교수 자격을 얻기 위해 작성한 논문에서 리만 적분을 정의하였습니다. 리만이 발표한 논문의 수는 비교적 적지만, 수학의 각 분야에서 획기적인 업적을 남겼습니다.

어릴 때부터 체질이 허약했던 리만은 폐결핵을 앓아 건강을 회복하기 위해 방문한 이탈리아에서 40세의 젊은 나이에 생을 마감하였습니다.

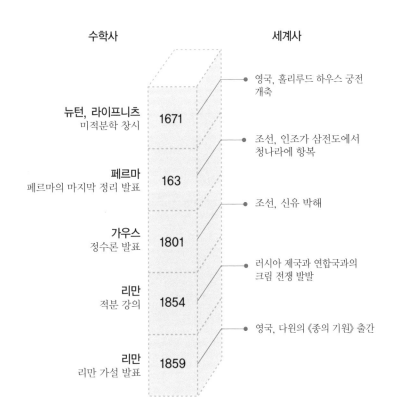

수학사

세계사

영국, 홀리루드 하우스 궁전
개축

뉴턴, 라이프니츠
미적분학 창시

1671

조선, 인조가 삼전도에서
청나라에 항복

페르마
페르마의 마지막 정리 발표

163

조선, 신유 박해

가우스
정수론 발표

1801

러시아 제국과 연합국과의
크림 전쟁 발발

리만
적분 강의

1854

영국, 다윈의 《종의 기원》 출간

리만
리만 가설 발표

1859

체 크 , 핵 심 내 용
이 책의 핵심은?

1. 4차원 도형을 ☐☐☐ 라고 합니다.
2. 초정육면체의 전개도는 ☐ 개의 정육면체로 이루어져 있습니다.
3. 4차원의 초각뿔의 초부피는 밑부피에 높이를 곱한 값을 ☐ 로 나눈 값입니다.
4. 초정육면체의 꼭지점의 개수는 ☐☐ 개입니다.
5. 풍선과 같이 닫힌 면은 3차원 공간을 내부와 ☐☐ 로 나눕니다.
6. 공과 같은 곡면에서 가장 짧은 거리를 주는 곡선은 공의 ☐☐ 의 일부분입니다.
7. 곡면이 겉으로 부풀어 있으면 곡선의 곡률은 ☐☐ 입니다.

1. 초입방체 2. 8 3. 4 4. 16 5. 외부 6. 대원 7. 양수

　1차원은 선, 2차원은 면, 3차원은 입체이고 4차원은 우리 눈에 보이지 않는 초입체입니다. 리만이 n차원의 기하학에 대한 연구 결과를 발표하자 수학자들은 다양체라는 대상을 도입했습니다.

　다양체는 기하학적인 도형의 집합을 1개의 공간으로 볼 때, 그 공간을 말합니다. 예를 들어, 공의 면과 종이로 만든 평면은 2차원 다양체가 됩니다. 또한 도넛 모양의 물체를 원환면(토러스)이라고 하는데, 원환면의 면 역시 2차원 다양체가 됩니다.

　여기서 공과 원환면을 보면 공은 구멍이 없고 원환면은 구멍이 있다는 차이가 있습니다.

　이때 공의 면에 임의의 폐곡선을 그리면 이 폐곡선은 폐곡선 속의 한 점으로 줄여 나갈 수 있습니다. 예를 들어, 지구에서 적도원의 반지름을 점점 줄이면 북극점이 됩니다. 이것을 수학자는 단순 연결되어 있다고 말합니다.

그러므로 공은 단순 연결되어 있는 2차원 다양체입니다. 하지만 원환면의 경우는 그렇지 않지요. 즉, 원환면 위의 임의의 폐곡선을 항상 한 점으로 줄일 수는 없기 때문입니다. 왜냐하면 원환면의 구멍을 에워싸는 폐곡선을 그리면 이 폐곡선을 아무리 압축해도 한 점으로 되지 않기 때문입니다.

여기서 유명한 푸앵카레의 추측이 등장합니다. 20세기 초 푸앵카레(Jules Poincaré)는 '어떤 2차원 다양체에 임의의 폐곡선을 그려 압축하여 한 점이 된다면, 이 2차원 다양체는 공의 면과 같다'는 내용을 발표했습니다.

푸앵카레의 추측은 거의 100년 동안 풀리지 않은 채 남아 있다가 러시아의 페렐만(Grigori Perelman)이 2002년에 증명했습니다.